Name: ______________________ Datum: __________

W0387658

1A

Aufstieg

Prozente – 100er-Feld

1 Wie viele von den Feldern sind rot? Schreibe den Anteil als Bruch und in Prozent.

a)

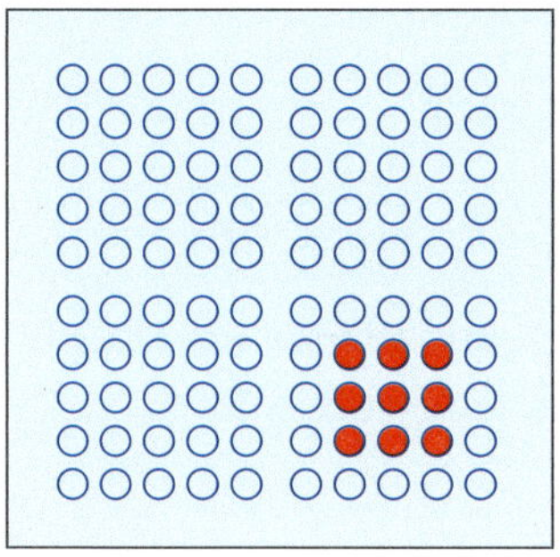

$\frac{}{100}$ = ___ %

b)

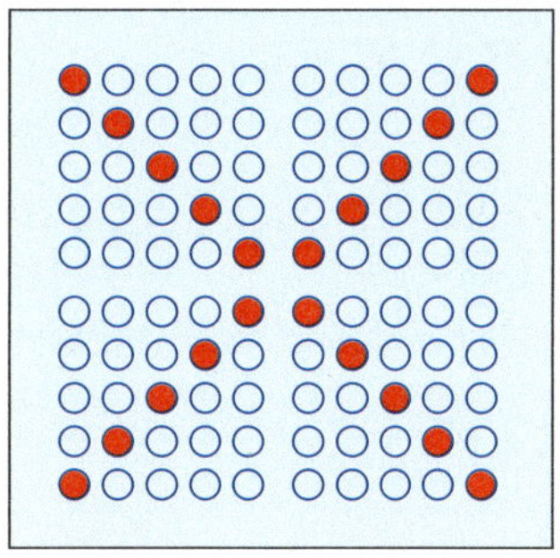

$\frac{}{}$ = ___ %

c)

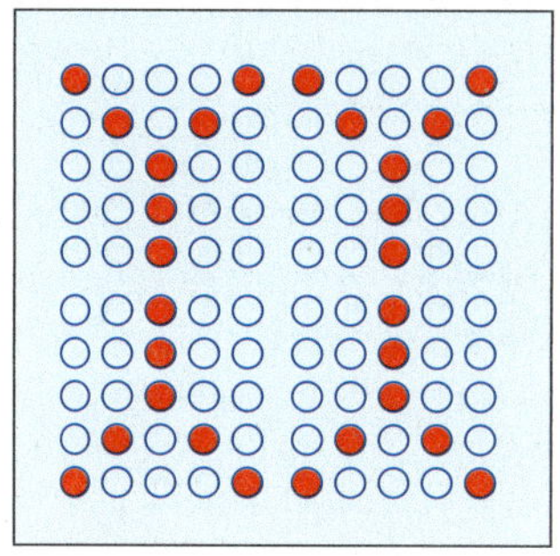

$\frac{}{}$ = ___ %

d)

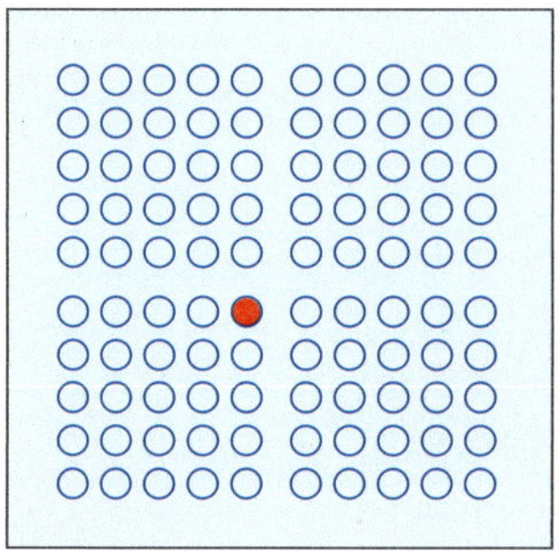

$\frac{}{}$ = ___ %

e)

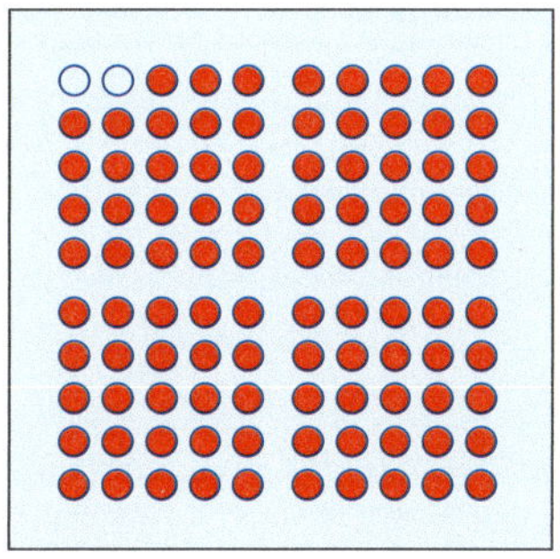

$\frac{}{}$ = ___ %

f)

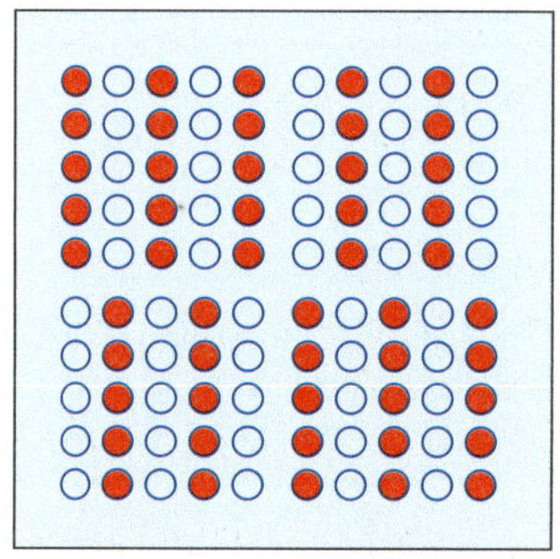

$\frac{}{}$ = ___ %

2 Schreibe als Bruch und markiere einen passenden Anteil von den Feldern.

a) 25 % = $\frac{}{100}$

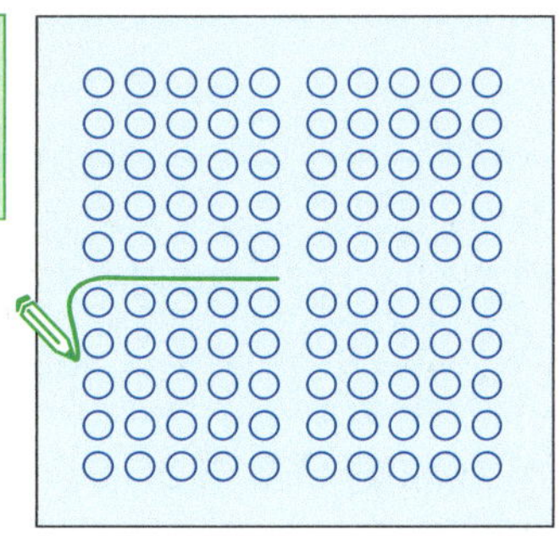

b) 2 % = $\frac{}{}$

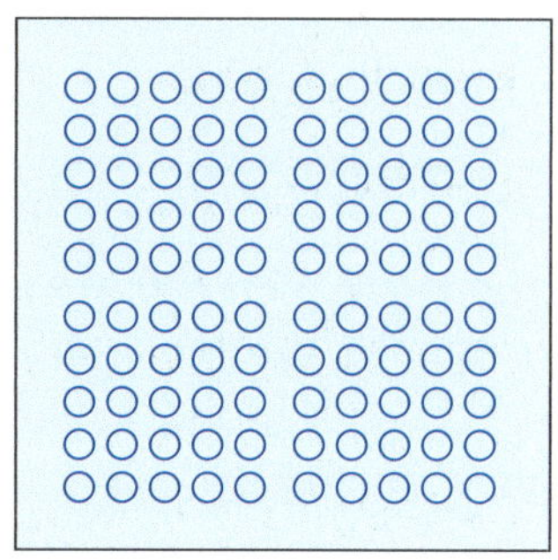

c) 48 % = $\frac{}{}$

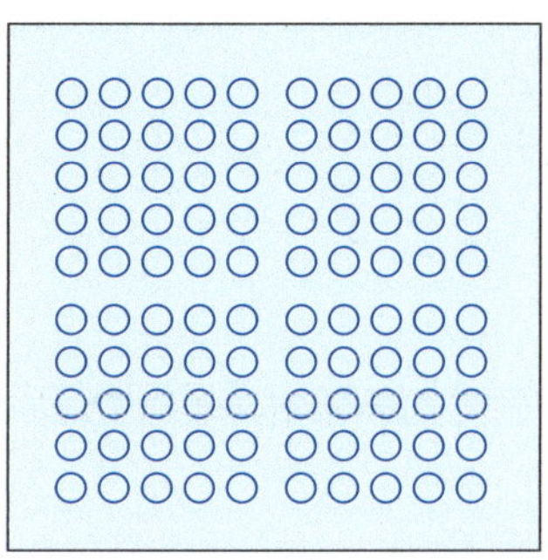

d) 30 % = $\frac{}{}$

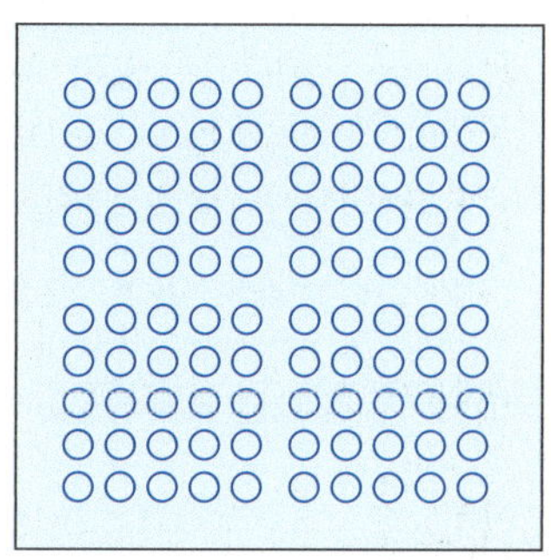

Name: ______________________ Datum: ____________

Prozente bestimmen bei mehr als 100 Teilen

1. Schraffiere 5 % von dem Rechteck.

a) Erkläre deinem Lehrer, wieso Jannick so aufteilt.
b) Beende die Aufgabe: Schraffiere 5 % von dem oben abgebildeten Rechteck.

2. a) Schraffiere 1 %.

b) Schraffiere 20 %.

3. a) Schraffiere 2 %.

b) Schraffiere 1 %.

c) Schraffiere 20 %.

Name: ______________________ Datum: ____________

3 A

Aufstieg

Prozente bestimmen bei weniger als 100 Teilen

Wie viel Prozent sind rot?

●○○○

$\frac{1}{4}$

Marek erweitert:

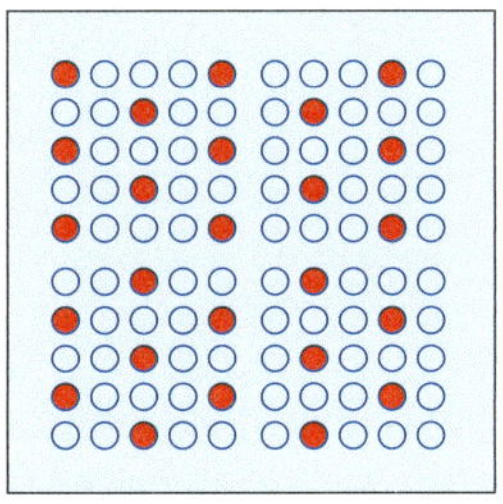

$\frac{1}{4}$ = 25 %

Nike erweitert so:

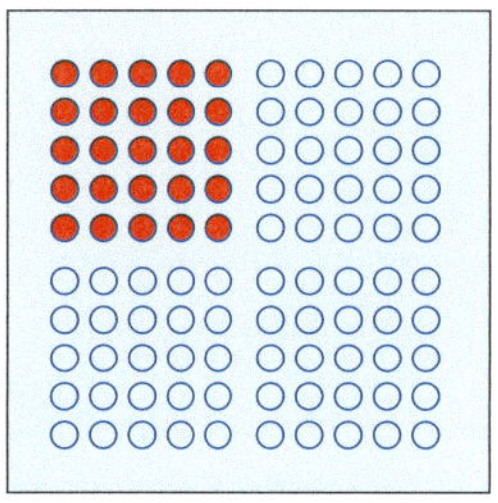

$\frac{1}{4}$ = 25 %

1 a) Was hat Marek sich überlegt? Was hat Nike sich überlegt? Erkläre es deinem Lehrer.
b) Welches Vorgehen findest du praktischer? Erkläre es deinem Lehrer.

2 ► **Material: 100er-Punktefeld und Plättchen**
Wie viel Prozent von den Feldern sind rot? Arbeite so, wie Marek oder wie Nike es oben gezeigt haben. Notiere deine Ergebnisse im Bild und in den Kästchen darunter.

a) ●○○○○○

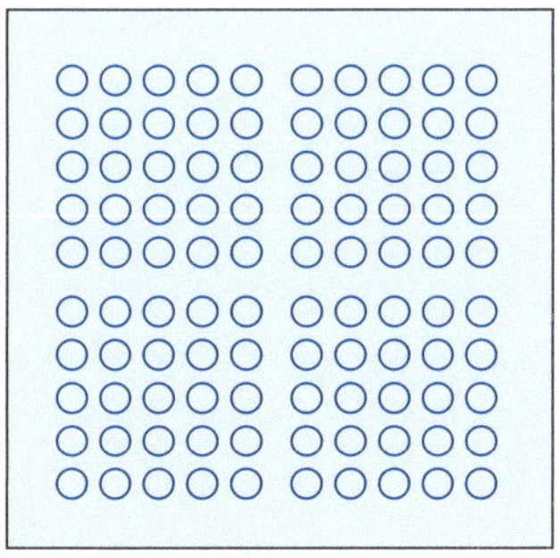

$\frac{\_\_}{5}$ = $\frac{\_\_}{100}$ = ___ %

b) ●●○○○○

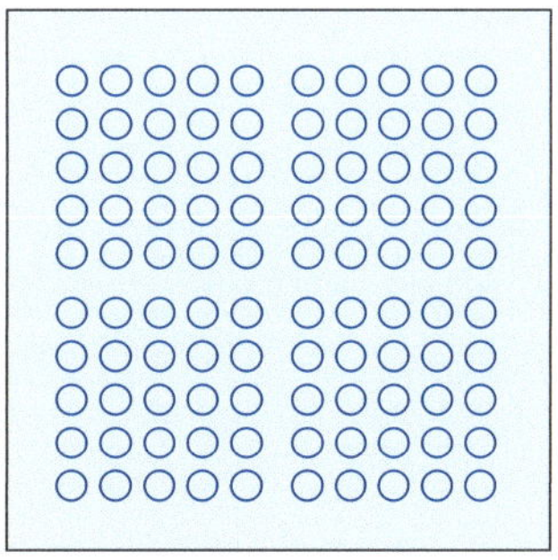

$\frac{\_\_}{\_\_}$ = $\frac{\_\_}{\_\_}$ = ___ %

c) ●●○○○

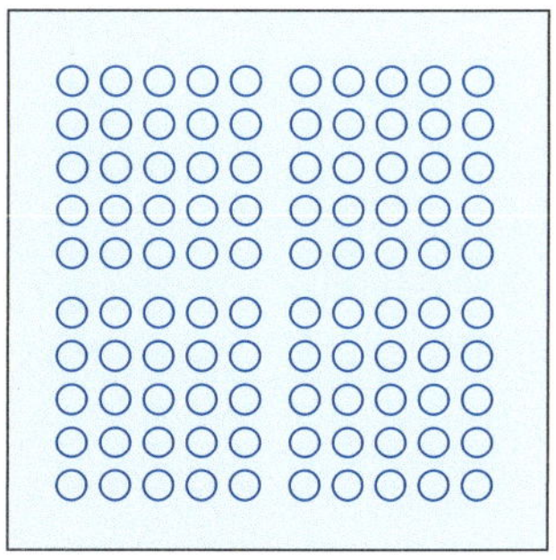

$\frac{\_\_}{\_\_}$ = $\frac{\_\_}{\_\_}$ = ___ %

3 Welcher Anteil ist rot? Schreibe als Bruch und in Prozent.

a) ●●●●○

$\frac{\_\_}{\_\_}$ = $\frac{\_\_}{\_\_}$ = ___ %

b) ○○○○○

$\frac{\_\_}{\_\_}$ = $\frac{\_\_}{\_\_}$ = ___ %

c) ●●●○

$\frac{\_\_}{\_\_}$ = $\frac{\_\_}{\_\_}$ = ___ %

4 Wer hat wie viele Schokies gewonnen?

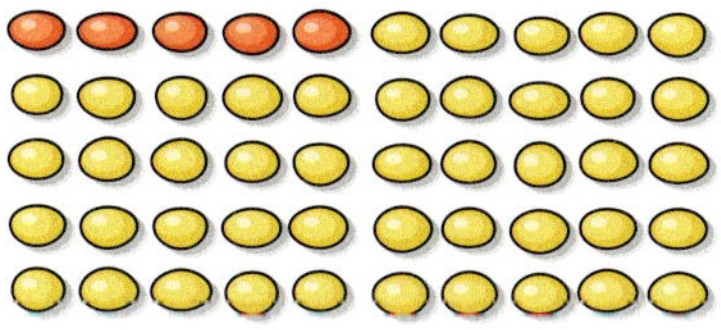

a) Jana bekommt 2 % von den Schokies.
Das sind ____ Schokies.

b) Lasse bekommt 10 % von den Schokies.
Das sind ____ Schokies.

c) Timm bekommt 40 % von den Schokies.
Das sind ____ Schokies.

Prozente – Steckwürfelstangen

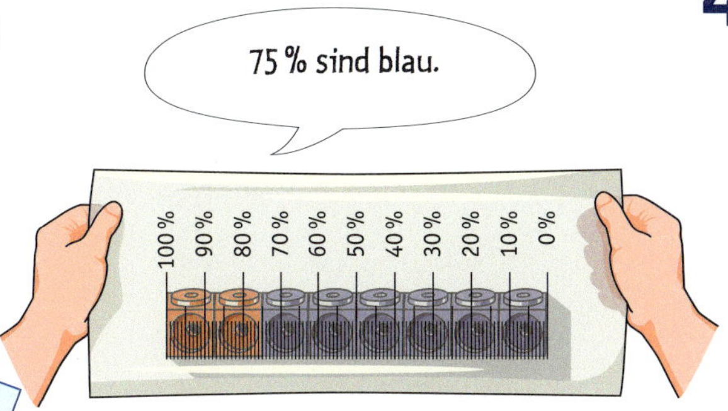

▸ **Material: Steckwürfel, Prozentgummiband**

❶ Baue die Steckwürfelstangen nach.
Dann miss den blauen Anteil mit dem Prozentgummiband und verbinde:

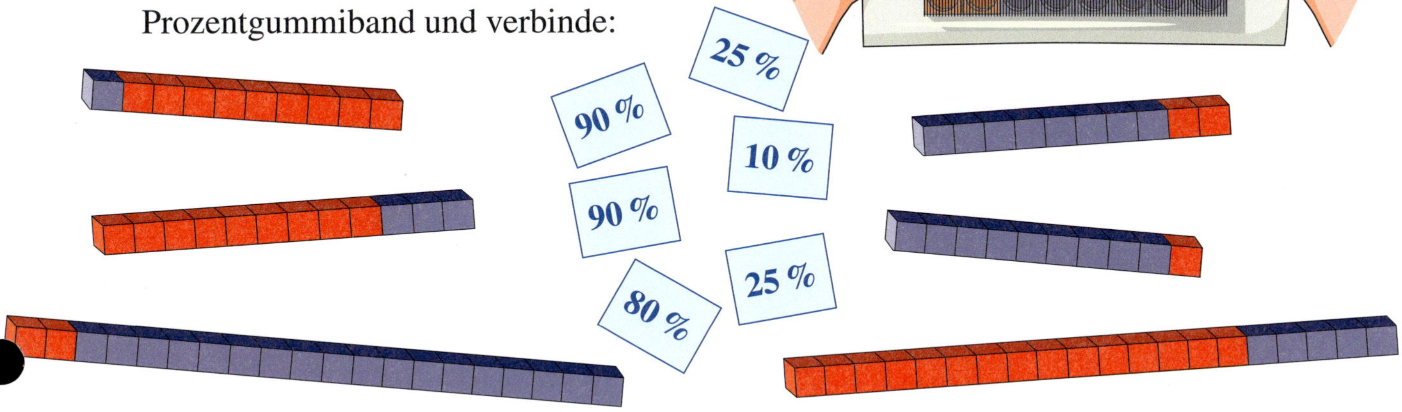

❷ Baue zu jedem roten Anteil drei verschiedene Steckwürfelstangen.
Zeichne und schreibe deine Ergebnisse mit blau und mit rot.

Beispiel: 25 %

25 %	*2 rote, 6 blaue*	*1 rote, 3 blaue*	
50 %			
75 %			
10 %			
30 %			

Prozente – Strecken und Füllhöhen

1 ▸ **Material: Standzylinder, wasserlöslicher Stift, Prozentgummiband, Wasser**
Arbeitet zu zweit.

a) Schreibt eine Prozenteinteilung auf euren Standzylinder mit 10 %, 20 %, …, 100 %. Der eine hält und zieht das Prozentgummiband, der andere schreibt.

b) Füllt euren Zylinder mit Wasser. Füllt ihn nacheinander …

① zu 100 % ② zu 50 % ③ zu 10 % ④ zu 25 % ⑤ zu 75 %.

2 ▸ **Material: Prozentgummiband**
Schreibt bei beiden Gefäßen alle Prozentangaben an die orange Skala.
Beachtet, wo „50 %“ steht.
Tipp: Der eine hält und zieht das Prozentgummiband, der andere schreibt.

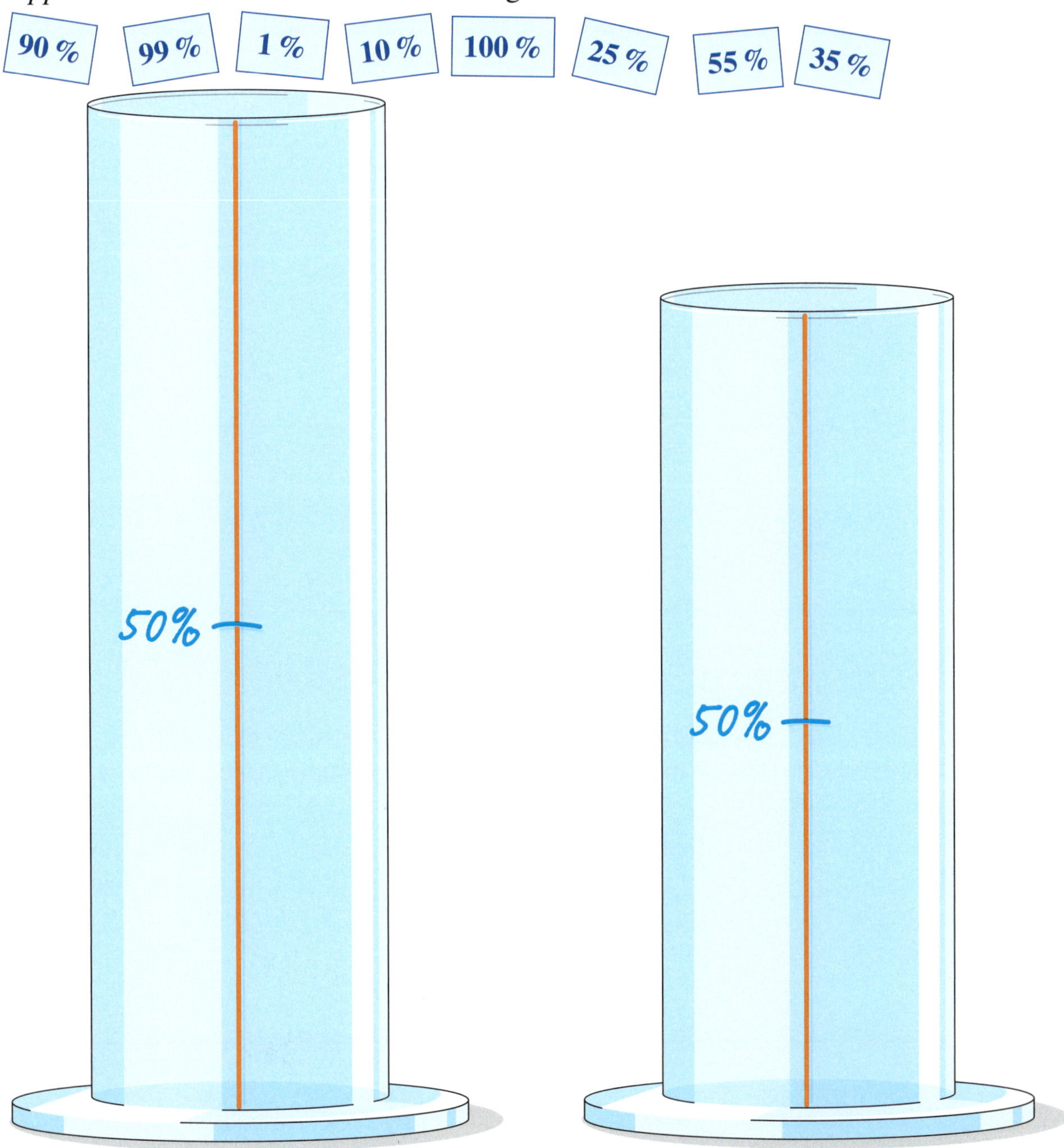

Name: ______________________ Datum: __________

6A

Aufstieg

Prozente – Streifendiagramm

1 Der Körper des Menschen besteht aus diesen chemischen Elementen:

- 26 % Sauerstoff
- 11 % Kohlenstoff
- 60 % Wasserstoff
- 2 % Stickstoff
- 1 % sonstige Elemente

Färbe auch die anderen Prozentangaben auf dem Streifendiagramm.

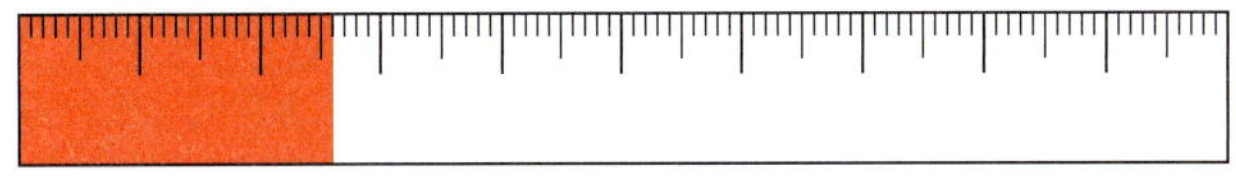

2 Auf der Welt leben …

- 58 % Asiaten
- 19 % Europäer
- 14 % Amerikaner
- 8 % Afrikaner
- 1 % Australier

Färbe auch die anderen Prozentangaben auf dem Streifendiagramm.

3 Das Skelett des Menschen besteht zu …

- 32 % aus Wasser
- 16 % aus Fett
- 20 % aus Eiweiß
- 32 % aus anderen Stoffen

Färbe auch die anderen Prozentangaben auf dem Streifendiagramm.

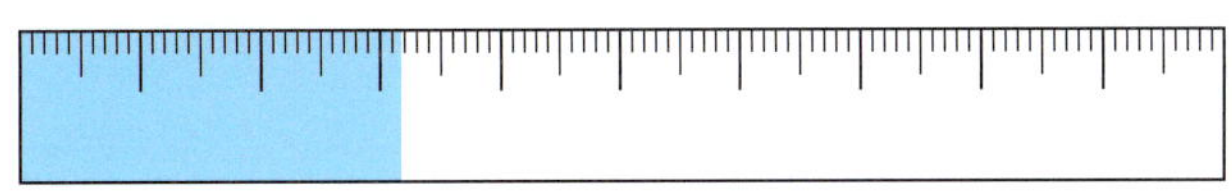

4 Es gibt verschiedene Blutgruppen bei Menschen.

Von allen Menschen weltweit haben …

- 40% Blutgruppe 0
- 31% Blutgruppe A
- 22% Blutgruppe B
- 7% Blutgruppe AB

Welcher der drei Streifen passt dazu?
Kreise ihn ein und erkläre es deinem Lehrer.

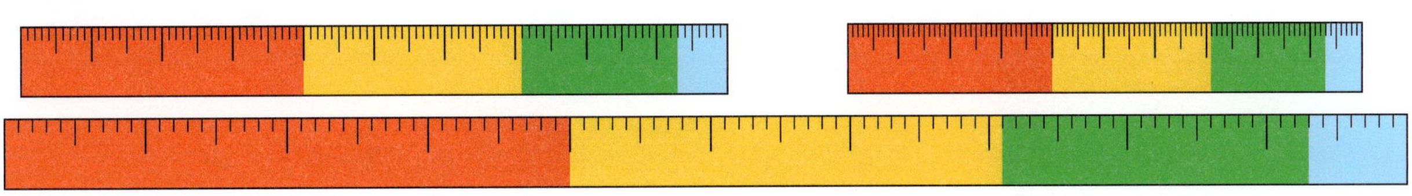

Name: ____________________ Datum: ____________

7A Aufstieg

Prozente – Geldwerte

1 Hier siehst du jeweils 100 Euro.
Wie viel Prozent von dem Geldbetrag sind orange? Schreibe wie im Beispiel.

Beispiel:

30 € von 100 € sind 30 %

____

____

____

2 Hier siehst du jeweils 100 Euro. Bestimme den Anteil in Euro und färbe ihn.

a) 

43 % von 100 € sind ______ €.

b) 

55 % von 100 € sind ______ €.

3 ▸ **Material: Spielgeld**
Wie viel Prozent vom Geldbetrag sind orange? Erweitere mit Spielgeld auf 100 €.

Beispiel:

5 € von **25 €** sind ______ %.

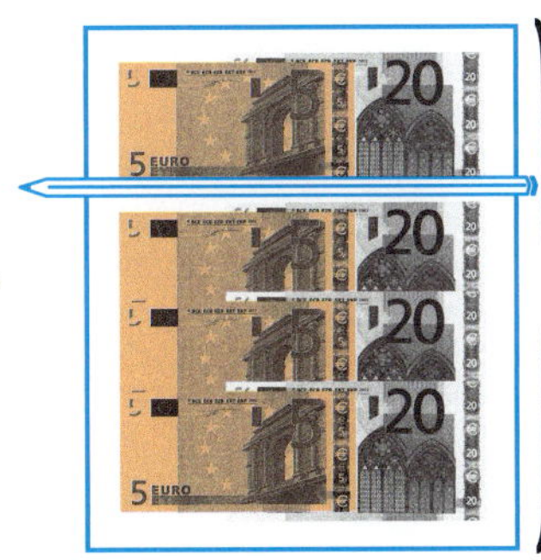

5 € von **25 €** sind *20* %, denn:

20 € von **100 €** sind *20* %.

a) 

3 € von 20 € sind ______ %, denn:

______ € von 100 € sind ______ %.

b) 

7 € von 10 € sind ______ %, denn:

______ € von 100 € sind ______ %.

c) 

15 € von 25 € sind ______ %, denn:

______ € von 100 € sind ______ %.

d) 

35 € von 50 € sind ______ %, denn:

______ € von 100 € sind ______ %.

Name: ______________________________ Datum: ____________

8A

Aufstieg

Prozente – Geldwerte

Sieger beim Hip-Hop-Wettbewerb!
Die Klasse 7a der Gemeinschaftsschule „Martin Luther King“ hat 500 € gewonnen.

1 Die Klasse hat den 500-€-Schein gewechselt.
Wie viel Prozent vom Gesamtgewinn ist jeder Schein wert? Verbinde.

Aufgepasst: Fünf Kärtchen bleiben übrig.

25 % | 10 % | 1 % | 40 % | 20 % | 12 % | 4 % | 50 % | 5 % | 2 % | 8 %

2 Oben sind die 500 € nicht komplett dargestellt.
Wie viel fehlt noch?

a) in Euro: ______ €   b) in Prozent vom Gesamtgewinn: ______ %

Name: ______________________________ Datum: ____________

9A

Aufstieg

Prozente – Einkaufen

1 Kreuze *alle* Sätze an, die richtig sind.

a)

- ◯ Man spart 10 €.
- ◯ Das Sweatshirt kostet jetzt 10 €.
- ◯ Das Sweatshirt kostet jetzt 55 €.
- ◯ Das Sweatshirt kostet jetzt 45 €.
- ◯ Das Sweatshirt kostet jetzt 5 €.
- ◯ Das Sweatshirt kostet jetzt 5 € weniger.

b)

- ◯ Die Schlittschuhe kosten jetzt 56 €.
- ◯ Man spart 40 €.
- ◯ Die Schlittschuhe kosten jetzt 16 €.
- ◯ Die Schlittschuhe kosten jetzt 16 € weniger.
- ◯ Man spart 16 €.
- ◯ Die Schlittschuhe kosten jetzt 24 € weniger.

c)

- ◯ Die Schuhe kosten 30 €.
- ◯ Die Schuhe kosten 18 €.
- ◯ Die Schuhe kosten 20 € weniger.
- ◯ Die Schuhe kosten 78 €.
- ◯ Man spart 30 €.
- ◯ Die Schuhe kosten 42 €.

d)

- ◯ Man zahlt jetzt 35 €.
- ◯ Man spart 35 €.
- ◯ Man zahlt jetzt 13,50 €.
- ◯ Man spart 13,50 €.
- ◯ Man spart 31,50 €.
- ◯ Man zahlt jetzt 25 €.

Prozente – Gewichtheben

Der Rekord im Gewichtheben liegt bei 200 kg.
Viele haben versucht, diesen Rekord zu knacken.
Sie haben aber alle nur einen Anteil geschafft.

1 Diese Gewichte können aufgelegt werden:

50 kg 25 kg 10 kg 5 kg 1 kg

Ergänze die fehlenden Angaben in der Tabelle.

Anteil vom Rekordgewicht	Gewichte	Gewicht in kg
100 %	*Beispiel:* 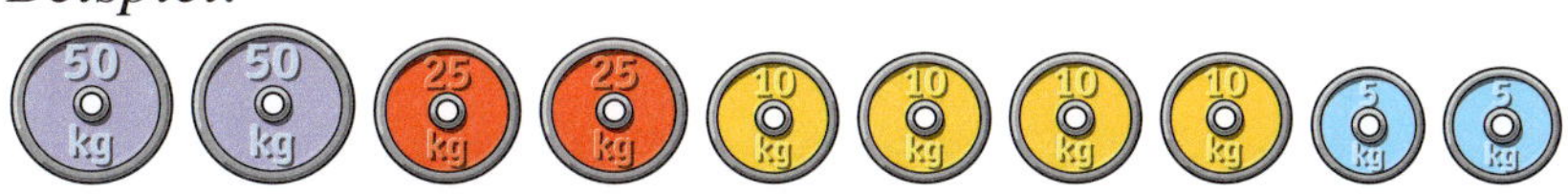	*200 kg*
70 %		*140 kg*
50 %		
80 %		
90 %		
96 %		

2 a) Erkan träumt, dass er 150 kg schafft.
Wie viel Prozent vom Weltrekord sind das? ______ %

b) Patrick träumt, er sei Herkules, der stärkste Mann der Welt. Er schafft 300 kg.
Wie viel Prozent vom Weltrekord sind das? ______ %

Name: ______________________ Datum: ____________

Prozente – Kreisdiagramm und Prozentscheibe

1 Wie groß ist der blaue Anteil?

a)
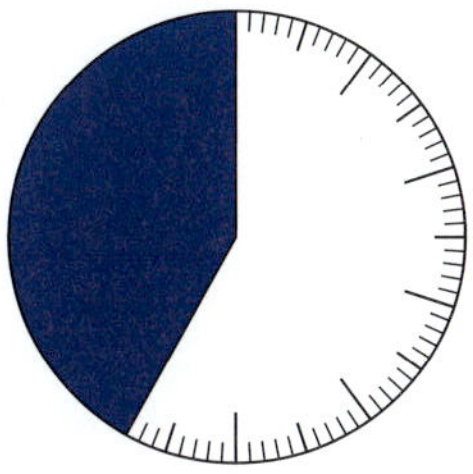

b)
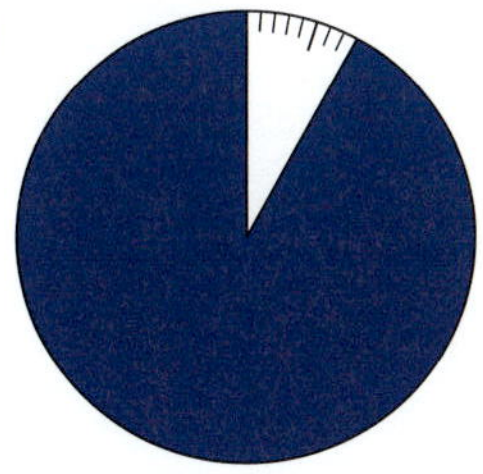

c)
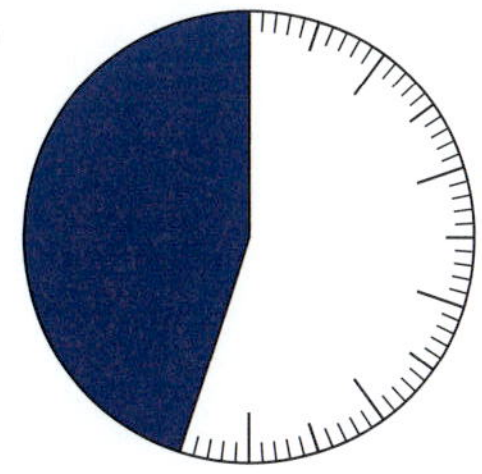

d)
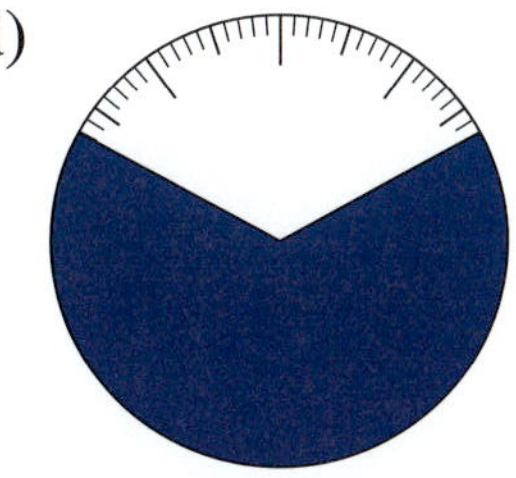

a) $\frac{\quad}{100}$ = ____ %

b) $\frac{\quad}{\quad}$ = ____ %

c) $\frac{\quad}{\quad}$ = ____ %

d) $\frac{\quad}{\quad}$ = ____ %

2 ▸ **Material: Baue eine „Prozentscheibe“ (mithilfe der nächsten Seite)**

a) Schätze den Prozentanteil der farbigen Flächen. Schreibe deine Schätzung in die Tabelle.

b) Stelle immer eine Farbfläche auf deiner Prozentscheibe möglichst genau dar. Miss ihren Prozentanteil mithilfe der Skala. Hattest du gut geschätzt?

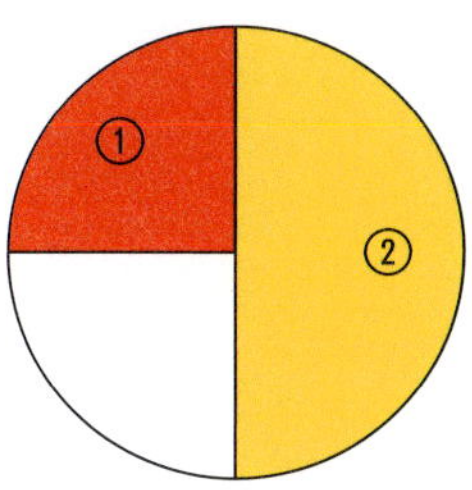

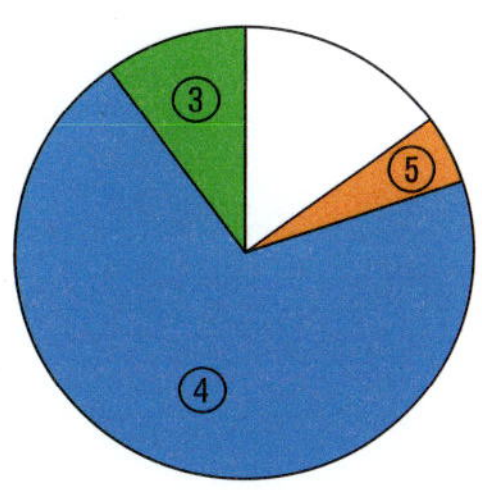

	geschätzt	gemessen	gut geschätzt? Trage ein: ☺ ☹
(1)			
(2)			
(3)			
(4)			
(5)			

c) Pia meint, sie kann jetzt den Anteil der weißen Flächen berechnen. Finde heraus, wie sie es macht.
Schreibe die Prozentwerte in die weißen Flächen und erkläre es deinem Lehrer.

3 ▸ **Material: Prozentscheibe**

Suche dir eine Partnerin und oder einen Partner.
Schätzt den Anteil so, wie Bea und Leo es machen.

Macht eine Strichliste. Wer zuerst 10 Punkte hat, gewinnt.

Variante für 3 oder mehr Spieler

Einer stellt die Prozentscheibe ein, die anderen schreiben ihre Schätzung auf.
Wer am nächsten dran ist, bekommt 1 Punkt.
Mit dem Einstellen der Prozentscheibe wechselt ihr euch reihum ab.

Prozentscheibe (Material zu 11A)

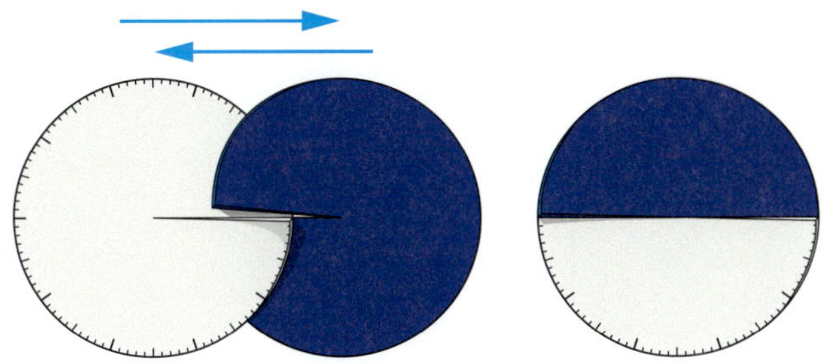

▸ **Material: Schere, Pappe, Kleber**

So stellst du deine Prozentscheibe her:

1. Klebe dieses Papier auf eine dünne Pappe.
2. Schneide die beide großen Kreise aus.
3. Male den blauen Kreis auch von der Rückseite farbig aus.
4. Schneide entlang der gestrichelten Linien bis zu den Kreismittelpunkten (nicht weiter!).
5. Schiebe die beiden Kreisscheiben so ineinander wie auf den kleinen Bildern oben zu sehen.

Fertig!

Nun drehe die beiden Scheiben vorsichtig gegeneinander, um eine Prozentangabe einzustellen oder abzulesen.

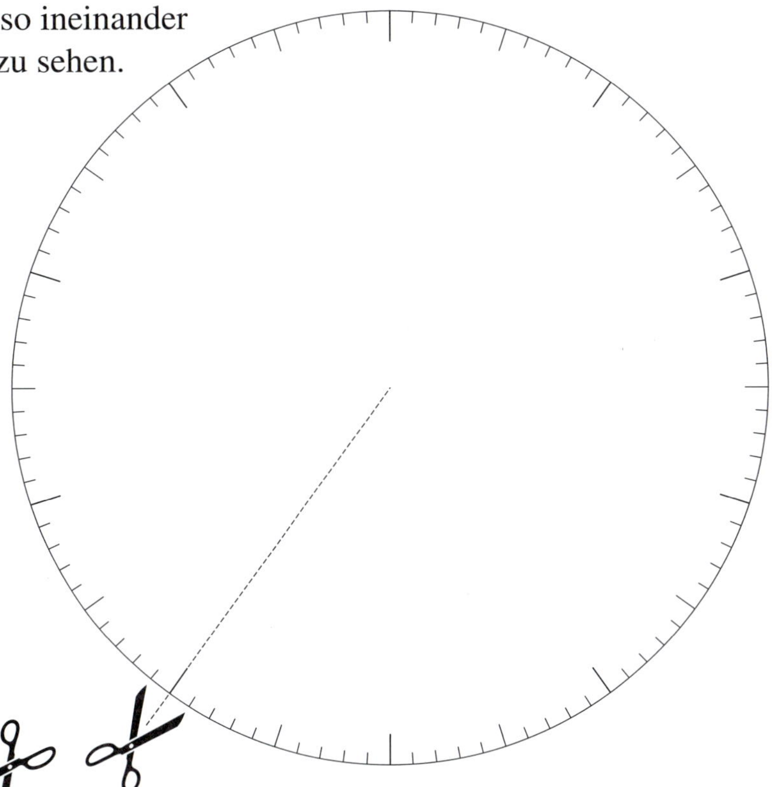

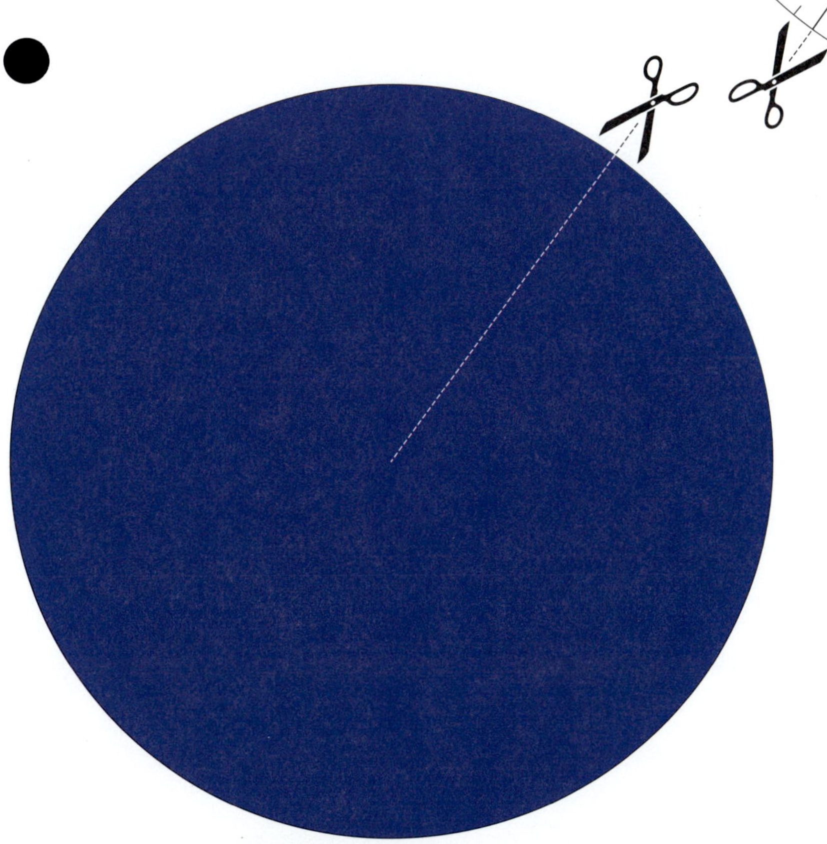

Name: ______________________ Datum: __________

Prozente – Zusatzseite

So hat sich das Prozentzeichen entwickelt:

Schon im Mittelalter haben italienische Kaufleute die Prozentschreibweise benutzt. Das Wort „Prozent“ kommt vom italienischen „Pro Cento“, das heißt soviel wie „für Hundert“.

Die Kaufleute kürzten „Pro Cento“ ab mit „cto“.

Und so entwickelte sich dann mit den Jahrzehnten das %-Zeichen, das du kennst:

Prozentstreifen

Dies kennst du schon von den Brüchen.
Beschrifte alle Felder mit der passenden Prozentangabe.

100 %

50 %

Denkkunst

Finde heraus, welche Prozentangeben hier passen.

100 %

Name: ______________________ Datum: ____________

Prozente – Kreisdiagramm und Prozentscheibe

Um gesund zu bleiben, ist eine ausgewogene Ernährung wichtig.
Das Streifendiagramm zeigt, wie groß der Anteil jeder Nahrungsgruppe an der Ernährung sein sollte.

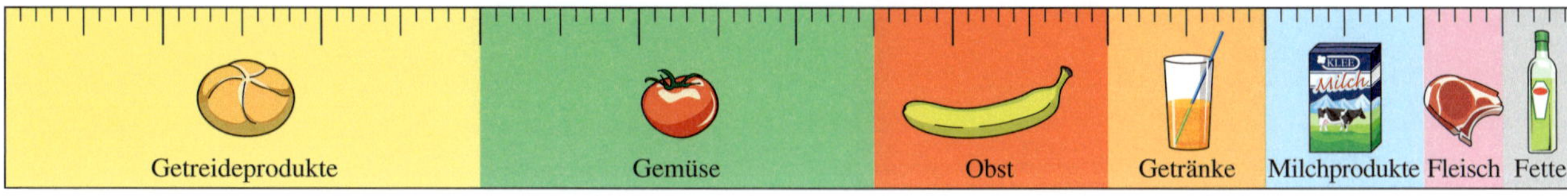

Lies genau ab und übertrage die Anteile aus dem Streifendiagramm in das Kreisdiagramm.
Die Tabelle unten kann dabei helfen.

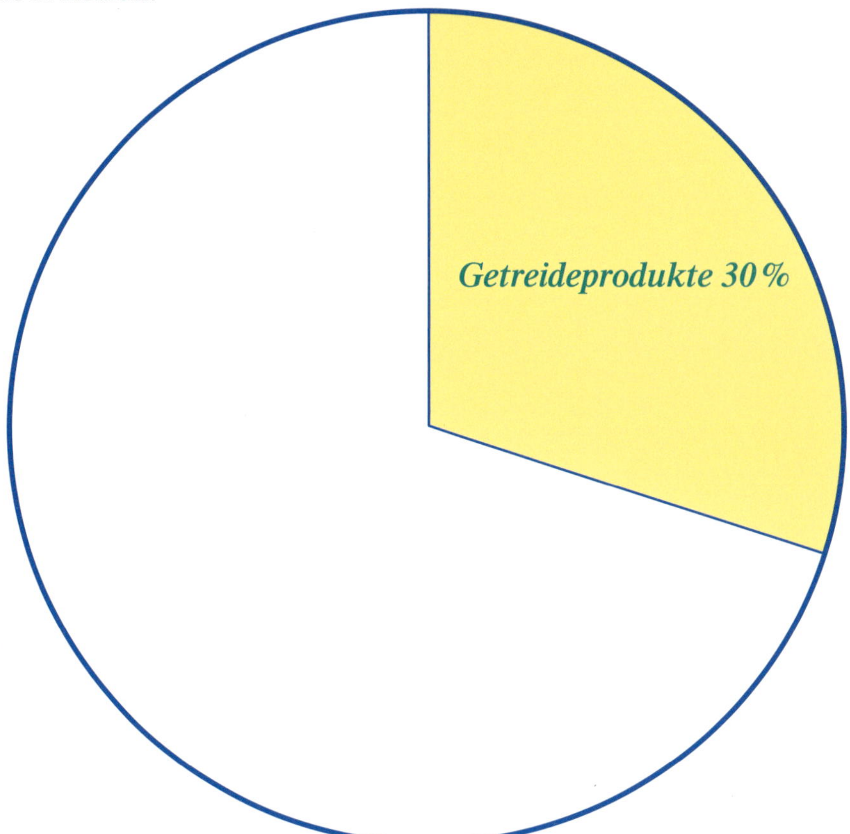

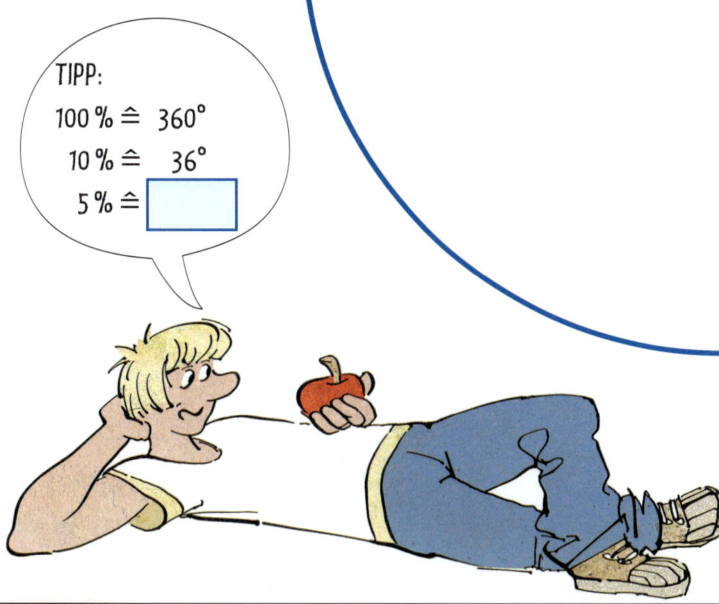

Nahrungsgruppe	Getreideprodukte	Gemüse	Obst	Getränke	Milchprodukte	Fleisch	Fette
Prozente	30 %						
Winkel	108°						

Name: ______________________ Datum: ____________

Prozente – Gewichtheben

10G

Gipfel

1 Wie viel Prozent ihres Körpergewichtes tragen diese Menschen und Tiere? Trage die passenden Angaben von den Kärtchen ein.
Zwei Kärtchen bleiben übrig.

Gewicht des Lebewesens	*200 kg*				
getragenes Gewicht	Wasser: 120 kg	Fisch: 1,2 kg	Korb: 90 kg	Blatt: 50 mg	Baum: 200 kg
Prozent vom Körpergewicht	*60 %*				

~~200 kg~~	5 000 kg	10 mg	0,2 kg	60 kg	1,5 kg
150 %	~~60 %~~	80 %	500 %	4 %	25 %

2 Wer ist am stärksten?
Begründe deine Antwort und erkläre sie deinem Lehrer.

Name: ______________________ Datum: ____________

Prozente – Einkaufen

1 Anne und Fabian haben jeder zur Konfirmation einen Gutschein über 120 € für den Laden „TOPS“ bekommen. Sie wollen ihre Gutscheine an einem Donnerstag einzulösen. Stelle eine Einkaufsliste für Anne und eine Einkaufsliste für Fabian zusammen.

Anne:

____
____
____
____
____
____
____

Fabian:

____
____
____
____
____
____
____

Fotos mit frdl. Genehmigung der Hersteller

Prozente – Geldwerte

1 Wie viel Prozent des Geldbetrags sind **rot** eingekreist?

a)

%

b)

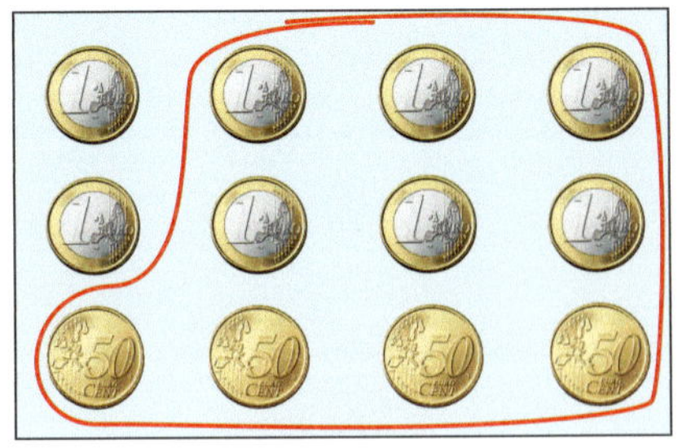

%

c)

%

d)

%

2 Kreise mit einem Farbstift den angebenen Anteil ein.

a) **25 %**

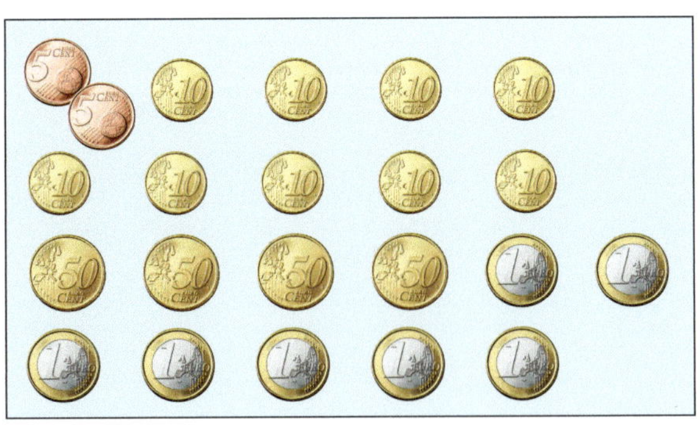

b) **7 %**

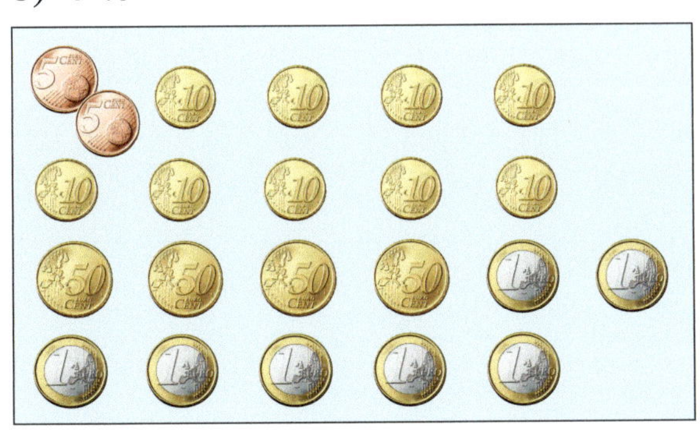

c) **68 %**

d) **92 %**

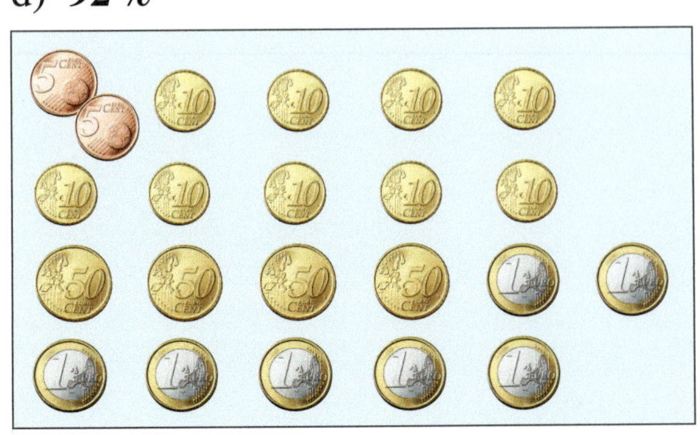

Name: ______________________ Datum: ____________

Prozente – Geldwerte

1 Verbinde die Kärtchen, die zusammen gehören.

12 %	36 € von 100 €	1 € von 4 €	75 %
25 %	8 € von 10 €	15 € von 20 €	24 %
36 %	3 € von 25 €	12 € von 50 €	80 %

2 Sonderangebote! Berechne den Preisnachlass in Prozent.

Artikel	alter Preis	neuer Preis	Preis-nachlass in €	Preisnachlass in %
Waveboard	*100 €*	*95 €*	*5 €*	*5 € von 100 € sind 5 %.*
MP3-Player				
Druckerpatronen				
Spielekonsole				
Musik-CD				
Speicherkarte				

Fotos mit frdl. Genehmigung der Hersteller

Name: ______________________ Datum: ____________

Prozente – Streifendiagramm

❶ Das menschliche Auge besteht zu 65 % aus Wasser und zu 35 % aus Eiweiß.
Vervollständige das Streifendiagramm.

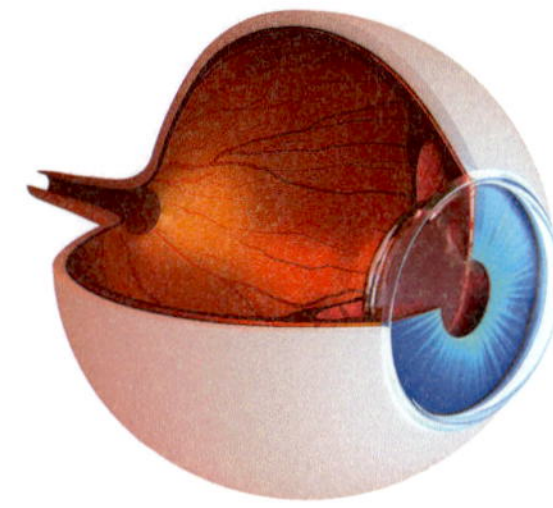

❷ In der Arnold-Schönberg-Regionalschule wurde die Körpergröße der Schülerinnen und Schüler untersucht.

- (orange) 30 % sind kleiner als 160 cm.
- (gelb) 60 % sind zwischen 160 cm und 180 cm groß.
- (grün) 10 % sind größer als 180 cm.

Vervollständige das Streifendiagramm.

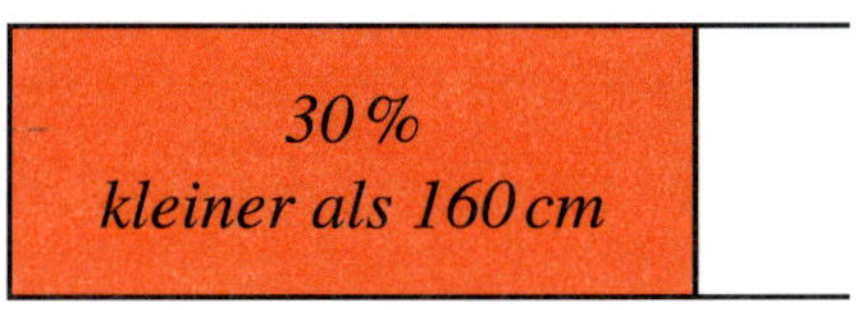

❸ Jeder von uns verbraucht pro Tag ungefähr 130 Liter Wasser.
Davon entfallen:

- (grün) 5 % auf Kochen und Trinken
- (hellblau) 35 % auf Baden und Duschen
- (gelb) 25 % auf Wäsche waschen
- (dunkelbraun) 25 % auf die Toilettenspülung
- (orange) 10 % auf das Geschirrspülen

Erstelle ein passendes Streifendiagramm.
Tipp: Überlege zuerst, welche Streifenlänge geeignet ist.

Name: ______________________ Datum: ______________

5G

Gipfel

Prozente – Strecken und Füllhöhen

1 Markiere die Prozentangaben auf dem Streifen.

a) Schätze: Trage ein ohne zu messen.

~~0 %~~ ~~100 %~~ 50 % 25 % 10 % 90 % 1 %

0% 100%

b) Jetzt soll es ganz genau sein. Miss mit dem Lineal und trage hier die Werte von Aufgabe a) genau ein.

2 Wie viel Saft ist nach dem Ausgießen noch im Messbecher? Zeichne ein.

a)  Hiervon werden 40 % aus-gegossen.

Das bleibt im Messbecher: 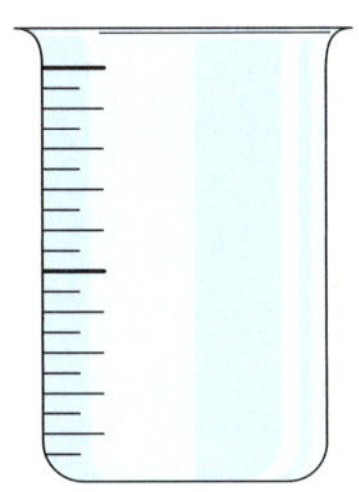

b)  Hiervon werden 75 % aus-gegossen.

Das bleibt im Messbecher: 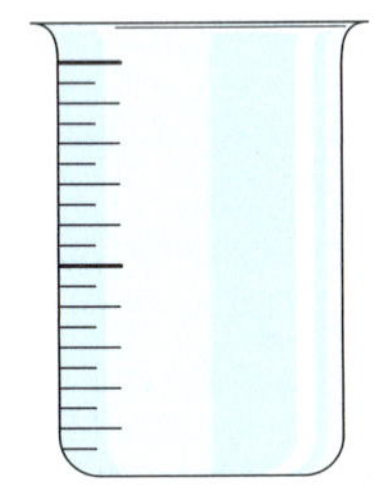

3

a) 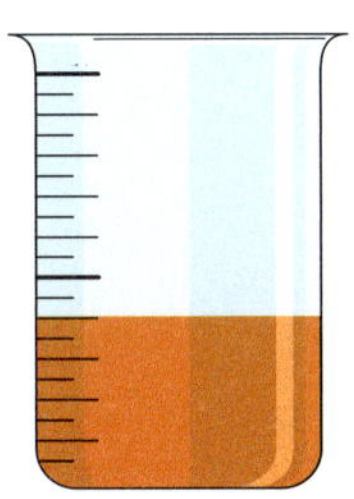 Hiervon werden 50 % aus-gegossen.

Das bleibt im Messbecher: 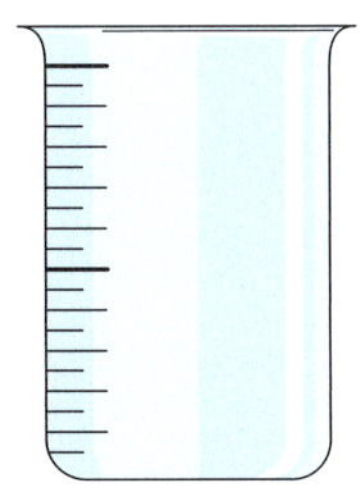

b) 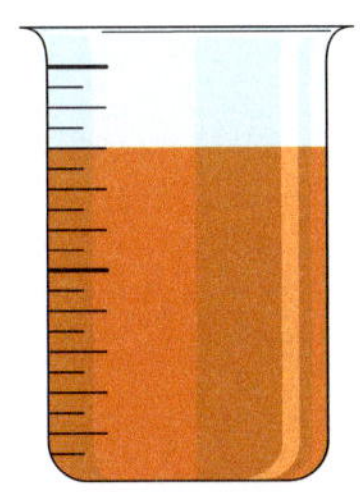 Hiervon werden 25 % aus-gegossen.

Das bleibt im Messbecher: 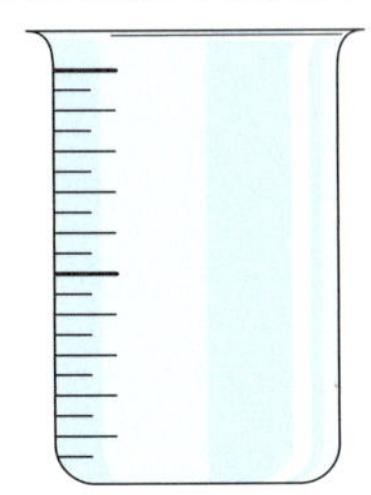

4 Wie viel Saft war **vorher** drin? Zeichne ein.

a) Von diesem Saft wurden 90 % aus-gegossen. 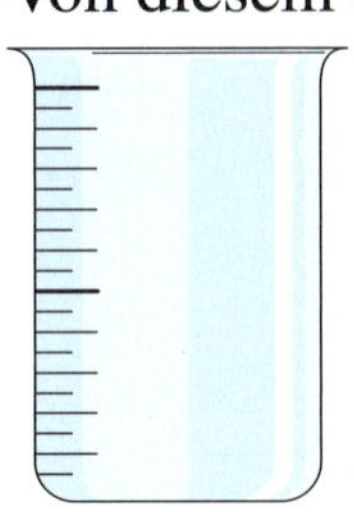

Das ist im Messbecher geblieben: 

b) Von diesem Saft wurden 25 % aus-gegossen. 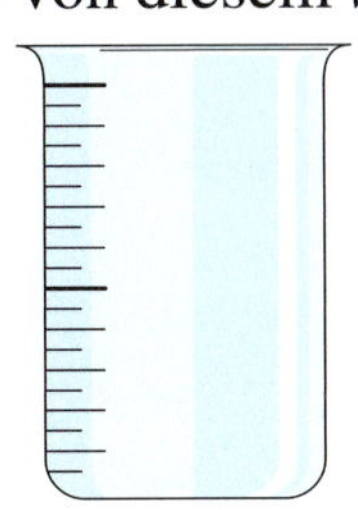

Das ist im Messbecher geblieben: 

Name: ______________________ Datum: __________

Prozente – Steckwürfelstangen

4G

Gipfel

▸ **Material: Steckwürfel, Prozentgummiband**

1 Aus wie vielen Würfeln besteht die ganze Würfelstange?
Baue mit Steckwürfeln und kontrolliere mit dem Prozentgummiband.

Beispiel:

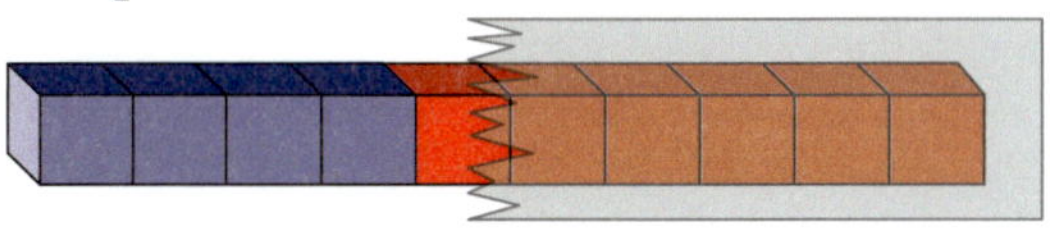

40 % der Stange ist blau.
Die Stange besteht aus *10* Würfeln.

a)

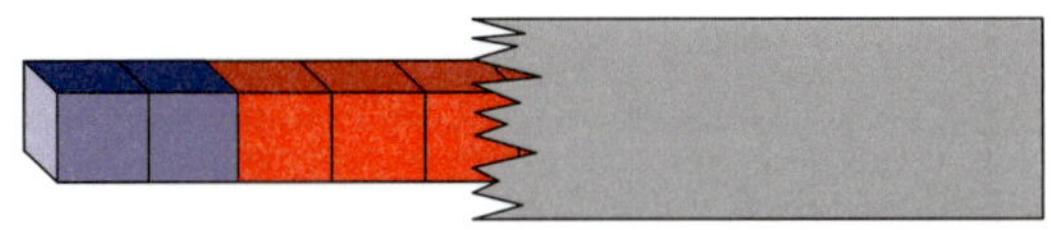

20 % der Stange ist blau.
Die Stange besteht aus ____ Würfeln.

b)

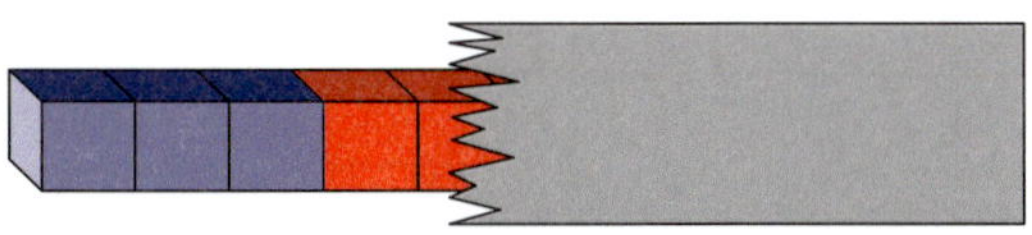

50 % der Stange ist blau.
Die Stange besteht aus ____ Würfeln.

c)

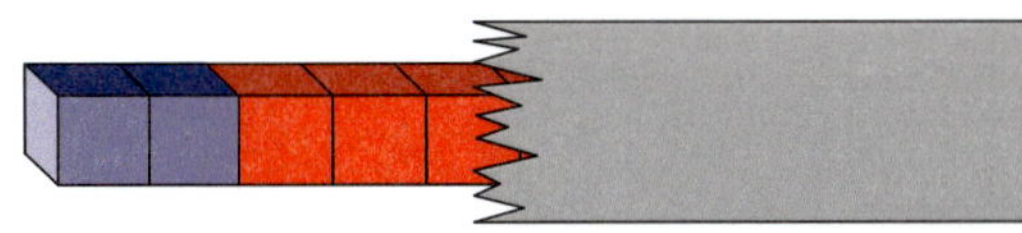

25 % der Stange ist blau.
Die Stange besteht aus ____ Würfeln.

d)

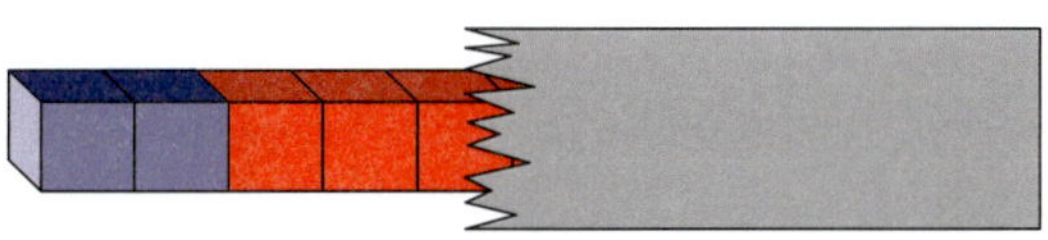

10 % der Stange ist blau.
Die Stange besteht aus ____ Würfeln.

e)

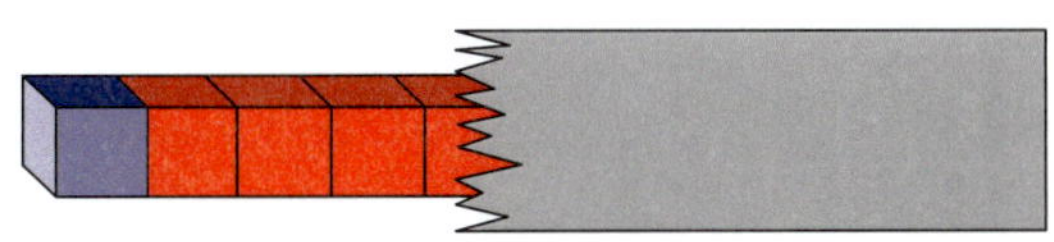

40 % der Stange ist blau.
Die Stange besteht aus ____ Würfeln.

f)

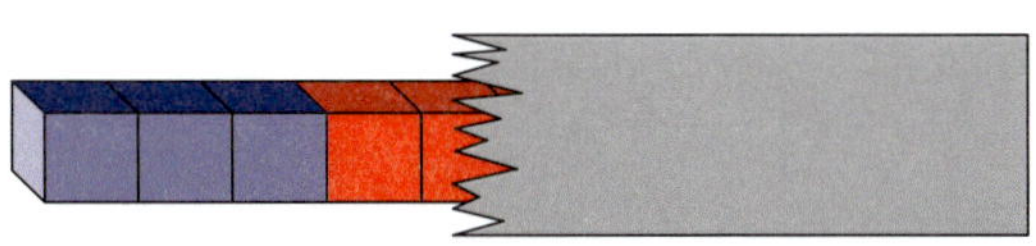

10 % der Stange ist blau.
Die Stange besteht aus ____ Würfeln.

g)

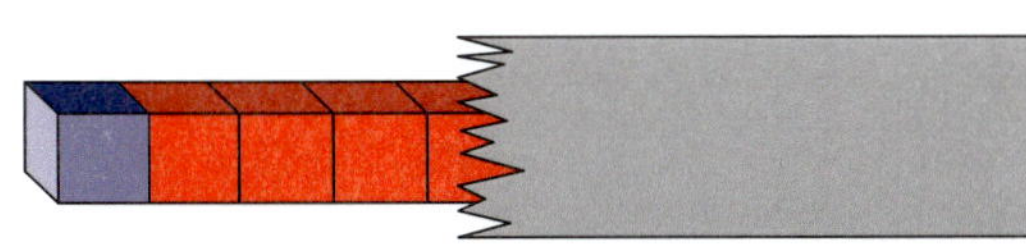

10 % der Stange ist blau.
Die Stange besteht aus ____ Würfeln.

2 Zeichne zu jeder Prozentangabe verschiedene Stangen.

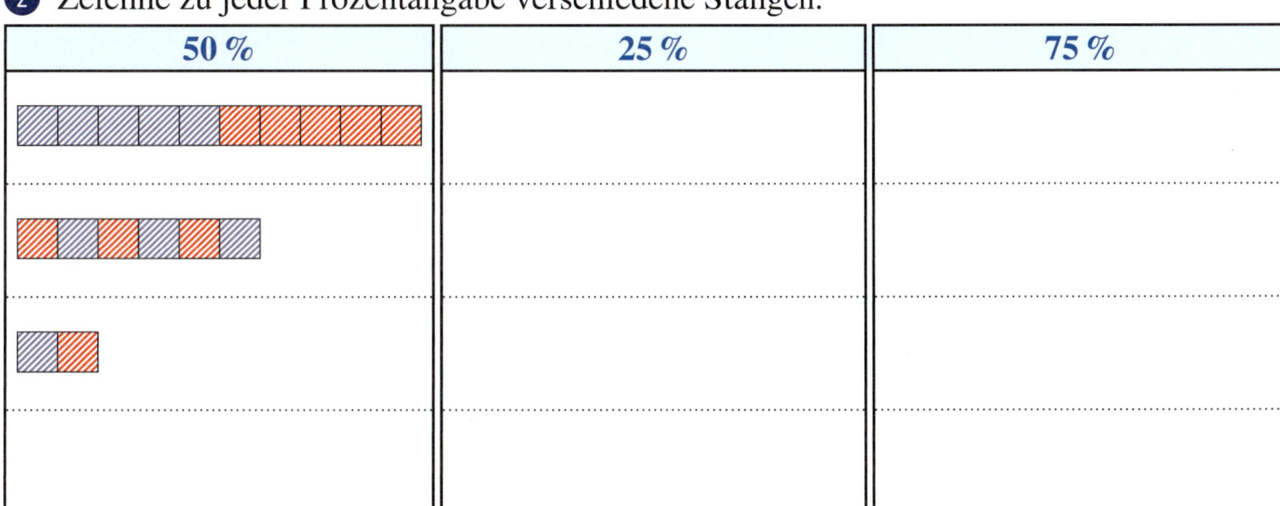

Name: ______________________ Datum: __________

Prozente bestimmen bei weniger als 100 Teilen

1 Schreibe als Bruch und in Prozent.

A In der Schule sind 6 von 10 Musikanlagen defekt

$\frac{\quad}{\quad}$ = ____ %

B Von meinen 4 Freunden fahren 3 mit dem Fahrrad.

$\frac{\quad}{\quad}$ = ____ %

C Unser Mittelfeld schoss 13 von unseren 25 Toren.

$\frac{\quad}{\quad}$ = ____ %

D Von den 5 Waggons sind 2 beladen.

$\frac{\quad}{\quad}$ = ____ %

2 100 Personen werden befragt.
Jede vierte Person besitzt ein Haustier.

Jonathan löst zuerst so: Dann ordnet er um:

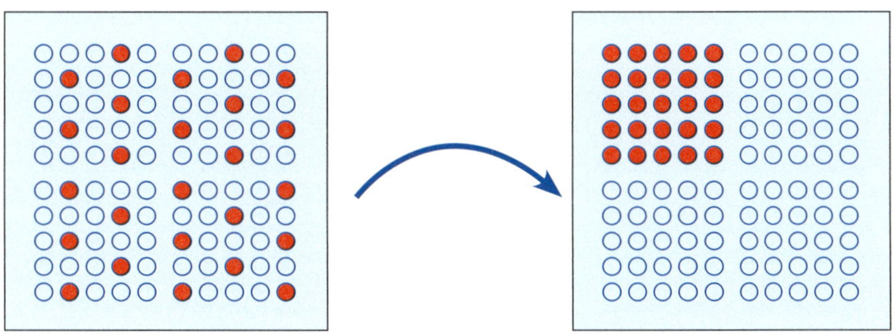

Das sind $\frac{25}{100} = 25\,\%$.

Wie hat Jonathan die Aufgabe gelöst? Erkläre es deinem Lehrer.

3 a) Jede fünfte Person schreibt mit der linken Hand.

Gehe vor wie Jonathan: Markiere jeden fünften Punkt und wandle um in Prozent.

Das sind $\frac{\quad}{\quad}$ = ____ %

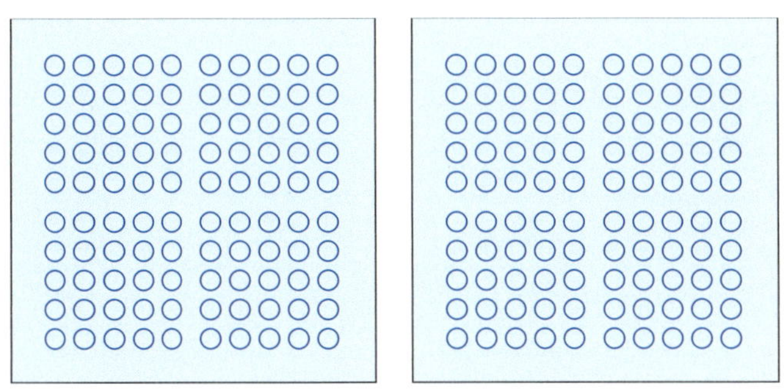

b) Jede zwanzigste Person verzichtet auf Fleisch.

Das sind $\frac{\quad}{\quad}$ = ____ %

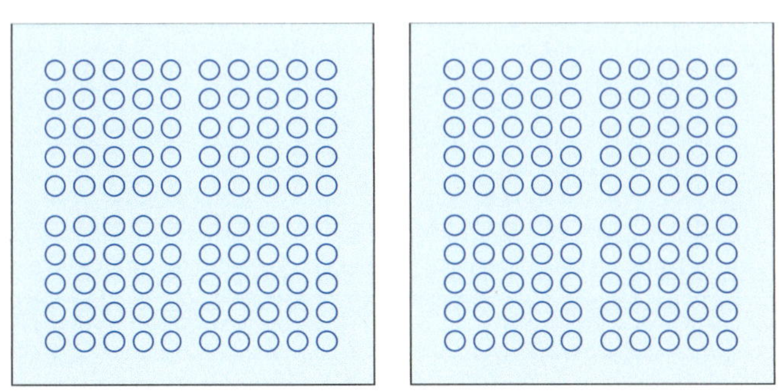

Name: ________________________ Datum: ____________

Prozente bestimmen bei mehr als 100 Teilen

1. Schraffiere 25 % von dem Rechteck blau, 1 % grün und 60 % orange.

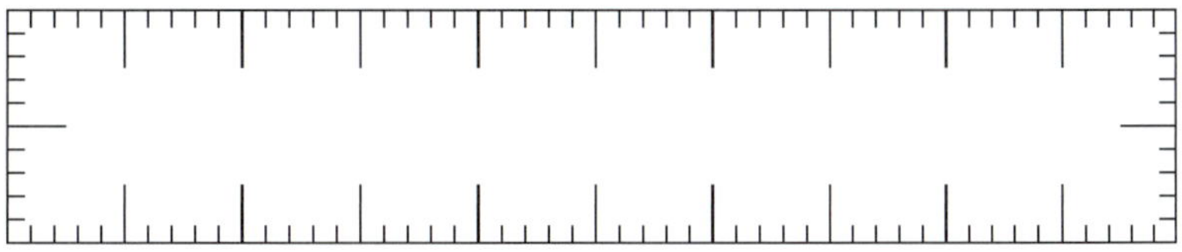

2. Schraffiere 25 % von dem Rechteck blau, 1 % grün und 60 % orange.

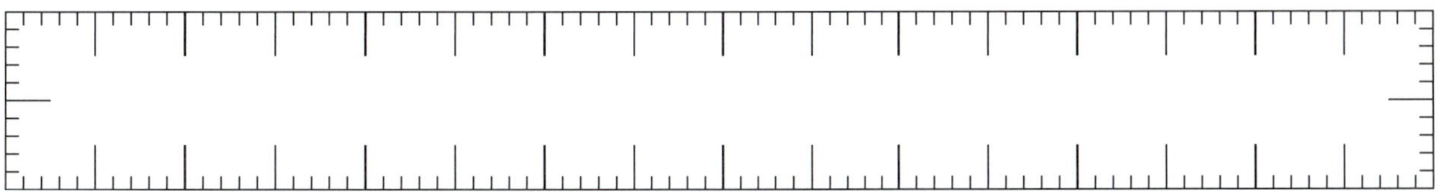

3. Wie viele Schokies dürfen die Mannschaften sich nehmen?

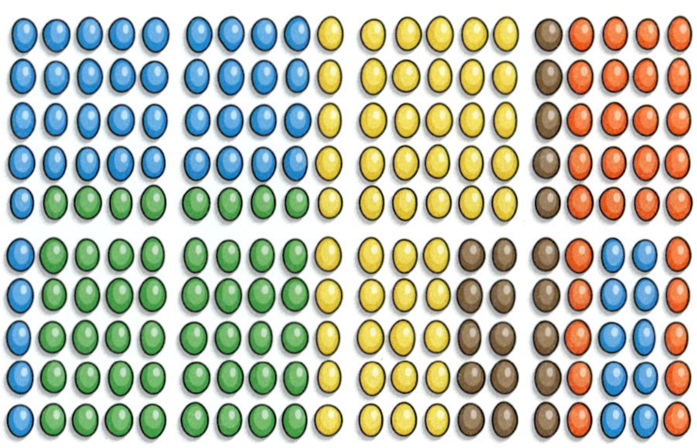

a) Die „Wilden Hexen“ bekommen 10 %. Das sind ☐ Schokies.

b) Die „Roten Riesen“ bekommen 35 %. Das sind ☐ Schokies.

c) Die „Falken“ bekommen 16 %. Das sind ☐ Schokies.

d) Es bleiben ☐ Schokies übrig. Das sind ☐ % von allen Schokies.

4. Wie viele Schokies bekämen die Mannschaften aus Aufgabe 3, wenn 800 Schokies zu verteilen wären?

a) Wilde Hexen: ☐ Schokies

b) Rote Riesen: ☐ Schokies

c) Falken: ☐ Schokies

d) übrig blieben: ☐ Schokies

Name: ______________________ Datum: __________

Prozente – 100er-Feld

1

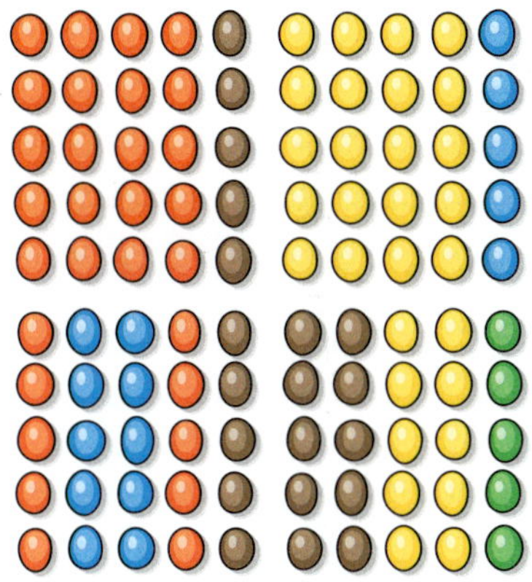

a) Wie viel Prozent der Schokies sind gelb? ____ %

b) Wie viel Prozent der Schokies sind rot? ____ %

c) Wie viel Prozent der Schokies sind grün? ____ %

d) Wie viel Prozent der Schokies sind braun? ____ %

e) Wie viel Prozent der Schokies sind blau? ____ %

2 Nach einem Wettkampf werden Schokies aufgeteilt. Wie viele Schokies erhält jeder? Markiere ihre Anteile farbig im Bild.

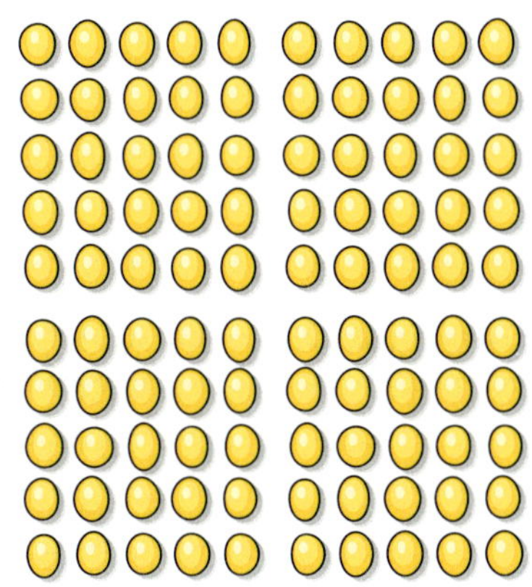

a) Nico bekommt 30 % der Schokies.
Das sind ____ Schokies.

b) Sina bekommt 2 % der Schokies.
Das sind ____ Schokies.

c) Jenny bekommt 25 % der Schokies.
Das sind ____ Schokies.

d) Den Rest bekommt Cem.
Er bekommt ____ Schokies. Das sind ____ % von allen Schokies.

3 Wie viele Täfelchen darfst du dir nehmen?

Das ist 1 Täfelchen:

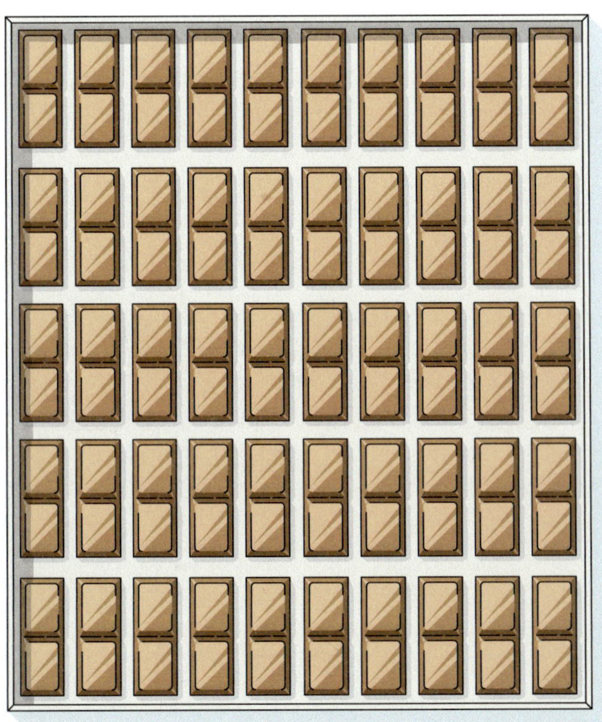

a) Nimm 50 %.
Ich darf ____ Täfelchen nehmen.

b) Nimm 20 %.
Ich darf ____ Täfelchen nehmen.

c) Nimm 1 %.
Ich darf ____ Täfelchen nehmen.

d) Nimm 15 %.
Ich darf ____ Täfelchen nehmen.